Mein Gartenbekannter

James Russell Lowell

Writat

Diese Ausgabe erschien im Jahr 2024

ISBN: 9789359942322

Herausgegeben von
Writat
E-Mail: info@writat.com

MEINE GARTENBEKANNTE

Von James Russell Lowell

EINES der entzückendsten Bücher in der Bibliothek meines Vaters war Whites „Natural History of Selborne ". Für mich hat es mit den Jahren eher an Charme gewonnen. Früher habe ich es gelesen, ohne das Geheimnis des Vergnügens zu kennen, das ich darin fand, aber je älter ich werde, desto mehr beginne ich, einige der einfachen Mittel dieser natürlichen Magie zu erkennen. Schlagen Sie das Buch auf, wo immer Sie wollen, es führt Sie nach draußen. Bei unserem brütend heißen Juliwetter kann man mit diesem freundlich geschwätzigen Fellow of Oriel spazieren gehen und Erfrischung statt Erschöpfung finden. Man hat keine Probleme, mit ihm Schritt zu halten, wenn er auf seinem Steckenpferd dahinschlendert, mal auf eine schöne Aussicht zeigt, mal stehen bleibt, um die Bewegungen eines Vogels oder Insekts zu beobachten oder ein Exemplar für den ehrenwerten Daines Barrington oder Mr. Pennant zu erlegen. In seiner Einfachheit des Geschmacks und seiner natürlichen Verfeinerung erinnert er an Walton; in seiner Zärtlichkeit gegenüber dem, was er die rohe Schöpfung genannt hätte, an Cowper. Ich weiß nicht, ob seine Landschaftsbeschreibungen gut sind oder nicht, aber sie haben mich mit seiner Gegend vertraut gemacht. Seit ich ihn zum ersten Mal gelesen habe, bin ich an einigen seiner Lieblingsplätze vorbeigegangen, aber ich sehe sie immer noch durch seine Augen und nicht durch die Erinnerung an tatsächliche und persönliche Visionen. Das Buch hat auch die Freude absoluter Muße. Mr. White scheint nie eine härtere Arbeit gehabt zu haben, als die Gewohnheiten seiner gefiederten Mitbürger zu studieren oder das Reifen seiner Pfirsiche an der Wand zu beobachten. Seine Bände sind das Tagebuch von Adam im Paradies,

„Alles zu vernichten, was gemacht ist

Zu einem grünen Gedanken in einem grünen Farbton."

Es ist wirkliche Ruhe, nur in seinen Garten zu blicken. Es ist weitaus besser, als

"Sehen Sie den großen Diokletian-Spaziergang

denn dorthin dringen Botschafter ein, um die Geräusche Roms mitzubringen, während die Welt hier keinen Zutritt hat. Kein Gerücht über den Aufstand der amerikanischen Kolonien scheint ihn erreicht zu haben. „Der natürliche Lebensabschnitt eines Schweins" interessiert ihn mehr als der eines Imperiums. Burgoyne mag sich ergeben und willkommen heißen; welche Bedeutung hat *das* im Vergleich zu der Tatsache, dass wir das seltsame Taumeln der Krähen in der Luft damit erklären können, dass sie sich umdrehen, „um sich mit einer Klaue zu kratzen"? Alle Kuriere in Europa, die bis zum letzten Sporenrad in Mr. Whites kleiner Chartreuse reiten, machen keine Aufregung; (1) aber die Ankunft der Mehlschwalbe einen Tag früher oder später als im letzten Jahr ist eine Neuigkeit, die es wert ist, allen seinen Korrespondenten ausdrücklich mitgeteilt zu werden.

(1) *La Grande Chartreuse* war das erste Kartäuserkloster Frankreichs, in dem strengste Privatsphäre gewahrt wurde.

Ein weiterer geheimer Reiz dieses Buches ist sein unbeabsichtigter Humor, der umso köstlicher ist, weil der Autor ihn nicht vermutet. Wie angenehm ist seine unschuldige Eitelkeit, die Liste der britischen und noch mehr der selbornischen Fauna zu erweitern ! Ich *glaube* , er hätte sich gerne bereit erklärt, von einem Tiger oder einem Krokodil gefressen zu werden, wenn man auf diese Weise die gelegentliche Anwesenheit eines dieser menschenfressenden Bestien innerhalb der Gemeindegrenzen hätte feststellen können. Er prahlt damit, keine feine Gesellschaft zu haben, ist aber offensichtlich ein wenig aufgeregt, „eine zahme braune Eule gut zu kennen". Die meisten von uns haben ihren Anteil an Eulen gekannt, aber nur wenige können sich rühmen, eine gefiederte Eule zu kennen. Auch die großen Ereignisse in Mr. Whites Leben haben jene unverhältnismäßige Bedeutung, die immer humorvoll ist. Wenn man bedenkt, dass seine Hände tatsächlich für würdig gehalten wurden (wie weder die von Willoughby noch die von Ray), einen Stelzenregenpfeifer zu halten, den *Charadrius himaniopus* , ohne Hinterzehe und daher „in Spekulationen zu ständigem Schwanken neigend"! Ich frage mich übrigens, ob Metaphysiker keine Hinterzehen haben. 1770 macht er in Sussex die Bekanntschaft einer „alten Familienschildkröte", die damals seit dreißig Jahren domestiziert war. Es ist klar, dass er sich auf den ersten Blick in sie verliebte. Wir haben keine Möglichkeit, die Entwicklung seiner Leidenschaft nachzuverfolgen; aber 1780 sehen wir ihn mit seinem Objekt in einer Postkutsche durchbrennen. „Das Klappern und die Eile der Reise haben sie so sehr aufgeweckt, dass sie, als ich sie in ein Beet setzte, zweimal bis zum Ende meines Gartens hinunterging." Es liest sich wie ein Gerichtsjournal: „Gestern Morgen hat Ihre Königliche Hoheit Prinzessin Alice eine halbe Stunde auf der Terrasse von Windsor Castle gerochen." Diese Schildkröte hätte ein Mitglied der Royal Society sein können, wenn sie sich zu solch einem unwürdigen Ehrgeiz hätte herablassen können. Man hatte gerade entdeckt, dass eine Oberfläche, die in einem bestimmten Winkel zur Horizontebene geneigt ist, mehr Sonnenstrahlen aufnimmt. Die Schildkröte hatte das immer gewusst (obwohl sie es nicht zur Schau stellte) und lehnte sich deshalb im Herbst an die Gartenmauer. Sie scheint mehr Philosoph gewesen zu sein als Mr. White selbst, denn sie kümmerte sich nur darum, sich bei Regen oder zu heißer Sonne unter ein Kohlblatt zu verkriechen und sich vor dem Frost lebendig zu vergraben – ein vierbeiniger Diogenes, der seinen Bottich auf dem Rücken trug.

Es gibt Stimmungen, in denen diese Art von Geschichte unendlich erfrischend ist. Diese Geschöpfe, auf die wir herabzublicken scheinen, als seien sie Arbeitstiere des Instinkts, sind Mitglieder eines Gemeinwesens, dessen Verfassung auf unbeweglichen Grundlagen ruht und niemals einer Erneuerung bedarf! *Sie* denken nie daran, durch Abstimmung zu regeln, dass acht Stunden gleich zehn sind oder dass ein Geschöpf so schlau ist wie das andere und nicht mehr. *Sie* benutzen ihren armseligen Verstand nicht, um Gottes Uhren zu regulieren, noch glauben sie, sie könnten nicht vom rechten Wege abkommen, solange sie ihr Orientierungsbrett mit sich herumtragen – eine Täuschung, die wir oft mit unserer hochmütigen Vernunft an uns selbst begehen , jenem bewundernswerten Wegweiser, der in alle Richtungen und immer richtig zeigt. Es ist gut für uns, ab und zu mit einer Welt wie der von Mr. White zu sprechen, in der der Mensch das unwichtigste aller Tiere ist. Aber jemand, der wie ich immer auf dem Land und immer am selben Ort gelebt hat, wird von anderen okkulten Sympathien zu seinem Buch hingezogen. Teilen wir nicht seine Empörung über jenen dummen Martin, der sein Thermometer auf nicht weniger als 4° über Null Fahrenheit eingestellt hatte, so dass bei dem kältesten Wetter aller Zeiten das Quecksilber niederträchtig in die Kugel verschwand und wir zusehen mussten, wie uns der Sieg durch die Finger glitt, gerade als sie ihm näher kamen? Ich vermute, kein Mann hat je lange auf dem Land gelebt, ohne von diesen meteorologischen Ambitionen gepackt zu werden. Er mag es heißer und kälter, tiefer eingeschneit gewesen zu sein, mehr und größere Bäume umfallen zu sehen als seine Nachbarn. Besonders für uns Nachkommen der Puritaner sorgen diese Wetterwettbewerbe für die verzichtete Aufregung der Rennbahn. Die Menschen lernen Thermometer mit einem wahren, fantasievollen Temperament zu schätzen, die zu erstaunlichen Hochgefühlen und entsprechenden Niedergeschlagenheiten fähig sind. Neulich (am 5. Juli) markierte ich im Schatten 98°, meine Hochwassermarke, ein Grad höher als ich sie je zuvor gesehen hatte. während wir uns gegenseitig die Stirn wischten, erzählte er mir, dass er gerade 100 Grad erreicht hatte, und ich ging als geschlagener Mann nach Hause. Ich hatte die Hitze vorher nicht gespürt, außer als schöne Übertreibung des Sonnenscheins; aber jetzt bedrückte sie mich mit der prosaischen Vulgarität eines Ofens. Was poetische Intensität gewesen war, wurde auf einmal zu rhetorischer Übertreibung. Ich konnte sein Thermometer verdächtigen (was ich tatsächlich tat, denn wir Harvard-Männer neigen dazu, schlecht über jeden Abschluss außer unserem eigenen zu denken); aber es war ein schwacher Trost. Die Tatsache blieb, dass sein Herold Mercury, der auf Zehenspitzen stand, auf meinen herabblicken konnte. Ich scheine etwas von dieser vertrauten Schwäche in Mr. White zu erkennen. Auch er hat an diesen sprunghaften Triumphen und Niederlagen teilgehabt. Auch bezweifle ich nicht, dass er das Interesse eines echten Landedelmanns am Wetterhahn hatte; dass seine erste Frage, wenn er morgens herunterkam, wie die von Barabas war :

„In welche Richtung blickt mein Halcyon-Schnabel?"

Es ist eine harmlose und gesunde Beschäftigung des Geistes, die einen davon abhält, sich ständig mit sich selbst zu beschäftigen und dazu führt, dass man sich eher mit den Unpässlichkeiten der Elemente beschäftigt als mit seinen eigenen. „Hat sich der Wind umgedreht oder ist er mit der Sonne umhergegangen?" ist eine vernünftige Frage, die nicht im Entferntesten etwas mit der Heuernte und dem Gedeihen der Ernten zu tun hat. Ich habe wenig Zweifel, dass die geregelte Beobachtung der Wetterfahne an vielen verschiedenen Orten und der Austausch der Ergebnisse per Telegraf das Wetter sozusagen in unsere Gewalt bringen würde, indem wir seine Hinterhalte verraten, bevor es zum Angriff bereit ist. Auf den ersten Blick scheint nichts drolliger und trivialer zu sein als das Leben derjenigen, deren einzige Leistung darin besteht, dreimal täglich den Wind und die Temperatur aufzuzeichnen. Doch solche Menschen werden zweifellos zu diesem besonderen Zweck in die Welt geschickt, und vielleicht gibt es keine Art genauer Beobachtung, was auch immer ihr Zweck sein mag, die nicht für irgendjemanden ihren endgültigen Nutzen und Wert hat . Es ist sogar zu hoffen, dass die Spekulationen unserer Zeitungsredakteure und ihre unzähligen Korrespondenzen über die Anzeichen der politischen Atmosphäre ihren ihnen zugewiesenen Platz in einem wohlgeordneten Universum einnehmen werden, und sei es nur, um dem zukünftigen Historiker so viele weitere Kürbislaternen zu liefern. Ja, die Beobachtungen über Finanzen eines MC, dessen einziges Wissen über das Thema auf einem lebenslangen Erfolg beruht, der Öffentlichkeit seinen Lebensunterhalt abzuverlangen, ohne dafür etwas zu zahlen, werden vielleicht später für einen Erforscher unserer *Cloaca Maxima von Interesse sein,* wenn sie einmal gereinigt ist.

Seit vielen Jahren habe ich mir angewöhnt, einige der wichtigsten Ereignisse meiner einsamen Einsamkeit aufzuschreiben, wie das Auftauchen bestimmter Vögel und dergleichen – eine Art *Memoires pour servir* nach dem Vorbild von White, eher als eine richtig verdaute Naturgeschichte. Ich hielt es für nicht unmöglich, dass ein paar einfache Geschichten meiner geflügelten Bekannten von Personen mit ähnlichem Geschmack unterhaltsam gefunden werden könnten .

Es ist allgemein bekannt, dass Tiere bessere Meteorologen sind als Menschen, und ich zweifle kaum daran, dass sie in Bezug auf unmittelbare Wetterweisheiten unseren hoch entwickelten Sinnen überlegen sind (obwohl ich vermute, dass ein Seemann oder ein Schafhirte ihnen ebenbürtig wären), aber ich habe nichts gesehen, was mich glauben lässt, dass ihr Verstand in der Lage wäre, das Horoskop einer ganzen Jahreszeit zu erstellen und uns im Voraus wissen zu lassen, ob der Winter streng oder der Sommer regenlos sein wird. Ich vermute mehr als, dass der Wetterschreiber selbst nicht immer sehr lange im Voraus weiß, ob er eine Anweisung für heiß oder kalt, trocken oder feucht geben soll, und der Bisamratte dürfte kaum klüger sein. Ich habe zwischen einem sehr frühen und einem sehr späten Frühling nur einen Unterschied von zwei Tagen bei der Ankunft der Singammer festgestellt. Im selben Jahr sah ich die Hänflinge beim Dachdecken, kurz vor einem Schneesturm, der den Boden mehrere Tage lang mehrere Zoll hoch bedeckte. Sie beendeten die Arbeit und verließen uns für eine Weile, zweifellos auf der Suche nach Nahrung. Vögel sterben häufig durch plötzliche, launische Frühlingswetterwechsel, die sie nicht vorhergesehen haben. Vor mehr als dreißig Jahren war ein Kirschbaum, der damals in voller Blüte stand, neben meinem Fenster von Kolibris bedeckt, die durch eine Mischung aus Regen und Schnee betäubt waren, was wahrscheinlich viele von ihnen tötete. Es scheint, dass ihr Kommen durch den Sonnenstand datiert wurde, der sie in eine unwirtschaftliche Ehe verrät;

„So erregt die Natur in ihr Coragen ; "(1)

aber ihr Weg ist eine andere Sache. Die Schornsteinschwalben zum Beispiel verlassen uns früh, anscheinend sobald ihre jüngsten Jungvögel genügend Flügel haben, um den langen Ruderwettkampf zu wagen, der vor ihnen liegt. Andererseits verlassen die Wildgänse den Norden wahrscheinlich nicht, bis sie ausgefroren sind, denn ich habe ihre Hörner noch Mitte Dezember Richtung Süden erklingen hören. Was man als lokale Migration bezeichnen könnte, wird zweifellos von den Möglichkeiten der Nahrungssuche bestimmt. Ich wurde einmal von großen Schwärmen von Fichtenkreuzschnäbeln besucht; und wann immer der Schnee lang und tief auf dem Boden liegt, kommt mitten im Winter ein Schwarm Zedernvögel, um die Beeren auf meinen Weißdornen zu fressen. Ich war nie ganz in der Lage, die lokalen oder vielmehr geografischen Vorlieben der Vögel zu ergründen. Nie vor diesem Sommer (1870) haben die Königsvögel, die schönsten aller Fliegenschnäpper, in meinem Obstgarten gebaut; obwohl ich immer weiß, wo ich sie im Umkreis einer halben Meile finden kann. Der Rosenbrustkernknacker ist in Brookline (fünf Kilometer entfernt) ein bekannter Vogel, doch hier habe ich bis letzten Juli noch nie einen gesehen, als ich ein Weibchen entdeckte, das fleißig zwischen meinen Himbeeren herumstöberte und überraschend mutig war. Ich hoffe, sie hat nach einem Standort *gesucht , um sich* in unserem Garten niederzulassen. Sie schien im Großen und Ganzen gut von meinem Obst zu denken, und ich würde gern ein weiteres Beet anlegen, wenn es helfen würde, einen so entzückenden Nachbarn zu gewinnen.

(1) Chaucers *Canterbury Tales, Prolog,* Zeile 11.

Die Rückkehr des Rotkehlchens wird üblicherweise in den Zeitungen als erste echte Frühlingsbote angekündigt, wie die Rückkehr bedeutender oder berüchtigter Leute an einen Wasserort. Und genau das ist sein Erscheinen im Obst- und Gartengarten zweifellos. Aber trotz seines Namens „Wanderdrossel" bleibt es den ganzen Winter bei uns, und ich habe es gesehen, als das Thermometer 15 Grad Fahrenheit unter Null anzeigte, innerlich uneinnehmbar bewaffnet (1) wie Emersons Meise und ebenso fröhlich wie diese. Das Rotkehlchen hat einen schlechten Ruf unter Leuten, die sich selbst nicht weniger wertschätzen, weil sie Kirschen mögen. Ich gebe zu, es hat eine Prise Vulgarität in sich, und sein Gesang ist eher von der Art Bloomfields, zu sehr mit Prosa beladen. Seine Ethik gehört der Schule von Poor Richard an , und der Hauptanlass, der seine ganze Energie mobilisiert, ist ganz und gar seinem Bauch zuzuschreiben. Es hat nie diese feinen Anfälle von Wahnsinn, in die seine Cousins, der Katzenvogel und die Mavis , gerne verfallen. Aber für all das und noch einmal so viel würde ich ihn nicht gegen alle Kirschen eintauschen, die jemals aus Kleinasien kamen. Trotz aller Fehler hat er diese Überlegenheit, die den Kindern der Natur zusteht, nicht ganz eingebüßt. Er hat einen feineren Geschmack für Obst, als man aus vielen aufeinanderfolgenden Komitees der Gartenbaugesellschaft herauslesen könnte, und er isst mit einem köstlichen Schluck, der dem von Dr. Johnson in nichts nachsteht. Er fühlt sich seines Enteignungsrechts bewusst und übt es frei aus. Er hat die früheste Ernte grüner Erbsen; ihm gehören alle Maulbeeren, die ich für mein Eigentum gehalten hatte. Aber wenn er auch den Löwenanteil der Himbeeren bekommt, ist er ein großartiger Pflanzer und sät diese wilden Himbeeren in den Wäldern, die den Fußgänger trösten und selbst den abgestumpften Opfern der White Hills vorübergehende Ruhe geben. Er behält das Obst streng im Auge und weiß auf den Purpurton genau, wann Ihre Trauben lange genug in der Sonne gekocht haben. Während der schweren Dürre vor ein paar Jahren verschwanden die Rotkehlchen völlig aus meinem Garten. Drei Wochen lang sah oder hörte ich keins, währenddessen schien ein kleiner ausländischer Weinstock, der etwas scheu war, die staubige Luft angenehm zu finden und, vielleicht träumend von seinem süßen Argos jenseits des Meeres, sich mit etwa zwanzig schönen Trauben schmückte. Ich beobachtete sie Tag für Tag, bis sie genug Zucker aus den Sonnenstrahlen abgesondert hatten, und beschloss schließlich, am nächsten Morgen meine Weinlese zu feiern. Aber auch die Rotkehlchen hatten sie irgendwie bemerkt . Sie müssen Spione ausgesandt haben, wie es die Juden ins gelobte Land taten, bevor ich mich rührte. Als ich mit meinem Korb losging, eilten mindestens ein Dutzend dieser geflügelten Winzer aus dem Laub hervor, ließen sich auf den nächsten Bäumen nieder und tauschten schrille, abfällige Bemerkungen über mich aus. Sie hatten den Weinstock regelrecht geplündert. Nicht Wellingtons Veteranen machten sauberere Arbeit aus einer spanischen Stadt; weder die Föderierten noch die Konföderierten waren je unparteiischer bei der Beschlagnahmung neutraler Hühner. Ich hielt meine Trauben geheim, um die schöne Fidele damit zu überraschen, aber die Rotkehlchen machten sie zu einem tieferen Geheimnis für sie, als ich beabsichtigt hatte. Der zerfetzte Rest einer einzigen Traube war mein einziges Erntegut. Wie armselig sah es auf dem Boden meines Korbes aus – als hätte ein Kolibri sein Ei in ein Adlernest gelegt! Ich konnte mir das Lachen nicht verkneifen; und die Rotkehlchen schienen sich der Fröhlichkeit herzlich anzuschließen. In der Nähe gab es eine einheimische Weinrebe, blau mit ihrer weniger raffinierten Fülle, aber meine schlauen Diebe zogen das ausländische Aroma vor. Konnte ich sie wegen mangelnden Geschmacks beschuldigen?

(1) „Denn die Seele kann, wenn sie innerlich stark ist, die Haut undurchdringlich machen.“

Die Meise, Zeilen 75, 76.

Die Rotkehlchen sind keine guten Solosänger, aber ihr Chor, mit dem sie wie primitive Feueranbeter die Rückkehr von Licht und Wärme in die Welt begrüßen, ist unübertroffen. Hundert davon singen wie ein einziges. Sie sind dann laut genug und singen, wie es Dichter tun sollten, ohne Nachdenken. Aber wenn sie nach Kirschen zum Baum neben meinem Fenster kommen, dämpfen sie ihre Stimmen und ihr leises *„ Piep, Pip, Pop!“ ist zu hören.* Geräusche weit weg am Ende des Gartens, wo sie wissen, dass ich sie nicht verdächtigen werde, die große schwarze Walnuss ihres bitteren Vorrats zu berauben . (1) Sie sind gefiederte Pecksniffs , das ist klar, aber wie hell leuchten ihre Brüste, die im Sonnenlicht ziemlich schäbig aussehen, an einem regnerischen Tag vor dem dunklen Grün des Fransenbaums! Nachdem sie das ganze Leben eines Regenwurms gekniffen und geschüttelt haben, wie italienische Köche den ganzen Geist aus einem Steak schlagen und ihn dann hinunterschlucken, stehen sie in ehrlichem Selbstvertrauen auf, breiten ihre roten Westen mit der tugendhaften Miene eines Lobbymitglieds aus und blicken Ihnen mit einem Auge entgegen, das Fragen ruhig herausfordert. „Sehe *ich* aus wie ein Vogel, der den Geschmack von rohem Ungeziefer kennt? Ich werfe mich einer Jury meiner Kollegen unter. Fragen Sie jedes Rotkehlchen, ob es jemals etwas weniger Asketisches gegessen hat als die bescheidenen Beeren des Wacholders, und es wird antworten, dass sein Gelübde es ihm verbietet." Kann eine so offene Brust eine solche Verderbtheit verbergen? Ach ja! Ich bin sicher, dass seine Brust in diesem Moment vom Blut meiner Himbeeren röter war. Im Großen und Ganzen ist er ein zweifelhafter Freund im Garten. Er macht sein Dessert aus allen möglichen Beeren und ist auch frühen Birnen nicht abgeneigt. Aber wenn wir bedenken, was für ein Allesfresser er ist, der sein eigenes Gewicht in unglaublich kurzer Zeit verzehrt, und dass die Natur scheinbar unerschöpflich in ihrer Erfindung neuer, der Vegetation feindlich gesinnter Insekten ist, können wir vielleicht davon ausgehen, dass er mehr Gutes als Schlechtes tut. Ich für meinen Teil hätte lieber seine Fröhlichkeit und freundliche Nachbarschaft als viele Beeren.

(1) Die Kreischeule, deren Schrei trotz ihres üblen Namens zu den süßesten Klängen der Natur gehört, mildert ihre Stimme auf die gleiche Weise, indem sie die Entfernung auf betörende Weise verspottet. JRL

Seinen Vetter, den Katzenvogel, schätze ich noch mehr. Er ist immer ein guter Sänger, manchmal ist er der Braundrossel fast ebenbürtig und hat den Vorteil, seine Musik bis in den späten Abend hinein fortzusetzen, mehr als jeder andere Vogel, den ich kenne. Seit ich mich erinnern kann, hat ein Paar von ihnen in einem riesigen Flieder in der Nähe unserer Haustür gebaut, und ich weiß, dass das Männchen an den Abenden des Frühsommers fast ununterbrochen singt, bis die Dämmerung in Dunkelheit übergeht . Sie unterscheiden sich sehr in ihrem stimmlichen Talent, aber alle haben eine entzückende Art, ihr Lied mitzusingen und es sozusagen mit gedämpfter Stimme zu proben, was ihre Nähe immer unauffällig macht. Obwohl es den zuverlässigsten Zeugen für die Nachahmungsneigung dieses Vogels gibt, habe ich ihn während einer Vertrautheit von mehr als vierzig Jahren nur einmal dieser Neigung frönen hören. In diesem Fall war die Nachahmung keineswegs täuschend, sondern eine freie Wiedergabe der Töne anderer Vögel, besonders des Pirols, als eine Art Variation seines eigenen Gesangs. Der Spottdrossel ist so scheu, wie das Rotkehlchen gemeinhin vertraut ist. Nur wenn man sich seinem

Nest oder seinen Küken nähert, wird er laut und beinahe aggressiv. Ich habe erlebt, wie er seine Jungen, nachdem die Früchte zu reifen begannen, in einem dichten Kornelkirschenbusch am Rand des Himbeerbeets unterbrachte und sie dort eine Woche oder länger fütterte. In solchen Fällen zeigt er nichts von dem Schuldbewusstsein, das das Rotkehlchen verachtenswert macht. Im Gegenteil, er wird seinen Posten im Dickicht behaupten und den Eindringling, der es wagt, *seine* Beeren zu stehlen, scharf schelten. Schließlich hat er nur Anspruch auf den Zehnten, während das Rotkehlchen Ihre gesamte Ernte einsacken wird, wenn es die Gelegenheit dazu bekommt.

Dr. Watts' Aussage, dass „Vögel in ihren kleinen Nestern einer Meinung sind", ist wie so viele andere, die den kindlichen Geist formen sollen, alles andere als wahr. Im Gegenteil, die friedlichste Beziehung der verschiedenen Arten zueinander ist die der bewaffneten Neutralität. Sie sind sehr eifersüchtig auf ihre Nachbarn. Vor einigen Jahren war ich sehr interessiert am Hausbau eines Paares von Sommergelbvögeln. Sie hatten sich einen sehr hübschen Platz in der Nähe der Spitze eines hohen weißen Flieders ausgesucht, in Sichtweite eines Zimmerfensters. Es war sehr angenehm, ihr kleines Heim mit gegenseitiger Hilfe wachsen zu sehen, ihre fleißigen Fähigkeiten nur durch kleine Flirts und Andeutungen von Zärtlichkeiten unterbrochen zu sehen, die durch den gesunden Menschenverstand der kleinen Hausfrau sparsam unterbrochen wurden. Sie waren mit ihrer Arbeit fast fertig und hatten bereits begonnen, sie mit Farnflaum auszukleiden, dessen Sammeln weite Reisen und längere Abwesenheiten erforderte. Aber, ach! die Syringa , das uralte Anwesen der Katzenvögel, war nicht mehr als zwanzig Fuß entfernt, und diese „ausgelassenen Nachbarn" waren, wie es schien, die ganze Zeit über eifersüchtig wachsame, wenn auch stumme Zeugen dessen gewesen, was sie als Eindringen von Hausbesetzern betrachteten. Kaum waren die hübschen Kameraden aufgebrochen, um eine neue Ladung Futter zu holen, als

"Zu ihrem unbewachten Nest diese Wiesel Schotten

Kam stehlend."(1)

Lautlos flogen sie hin und her und klatschten im Vorbeiflug rachsüchtig nach dem Nest. Sie stürzten sich nicht darauf und zerstörten es absichtlich, denn sie hätten bei ihrem Unfug ertappt werden können. Immer wenn die Gelbvögel zurückkamen, versteckten sich ihre Feinde in ihrem eigenen, sichtgeschützten Busch. Mehrmals reparierten ihre bewusstlosen Opfer Schäden, aber schließlich gaben sie es nach einer gemeinsamen Beratung auf. Vielleicht kamen sie wie andere ungebildete Leute zu dem Schluss, dass der Teufel im Spiel war, und gaben der unsichtbaren Verfolgung durch Hexerei nach.

(1) Shakespeare: *König Heinrich V.*, 1. Akt , 2. Szene.

Durch ständige Angriffe und Belästigungen ist es den Rotkehlchen gelungen, die Blauhäher zu vertreiben, die in unseren Kiefern bauten. Ihre bunten Farben und ihr eigentümliches, lautes Wesen machen sie zu willkommenen und amüsanten Nachbarn. Einmal hatte ich Gelegenheit, einem ihrer Haushalte einen Gefallen zu tun, den sie mit sehr freundlicher Herablassung empfingen. Ich hatte seit einiger Zeit ein Auge auf ein Nest geworfen und war verblüfft über das ständige Flattern von scheinbar ausgewachsenen Flügeln darin, wann immer ich mich näherte. Schließlich kletterte ich auf den Baum, trotz der wütenden Proteste der alten Vögel gegen mein Eindringen. Das Rätsel hatte eine sehr einfache Lösung. Beim Bau des Nestes war ein langes Stück Packgarn etwas locker eingewoben worden. Drei der Jungen hatten es geschafft, sich darin zu verfangen und waren erwachsen geworden, ohne sich in die Luft erheben zu können. Eines war unverletzt, ein anderes hatte die Schnur so fest um seinen Schaft gewickelt, dass ein Fuß eingerollt war und gelähmt schien; der dritte hatte sich bei seinem Versuch, zu entkommen, das Fleisch des Oberschenkels durchgesägt und sich so sehr verletzt, dass ich es für menschlich hielt, seinem Elend ein Ende zu setzen. Als ich mein Messer herausnahm, um ihre Hanffesseln zu zerschneiden, schienen die Familienoberhäupter meine freundliche Absicht zu erraten. Plötzlich hörten sie auf zu schreien und zu drohen, setzten sich ruhig in Reichweite meiner Hand nieder und beobachteten mich bei meiner Freilassung. Dies war aufgrund der flatternden Angst der Gefangenen eine ziemlich heikle Angelegenheit; aber bald darauf wurde ich belohnt, als ich sah, wie einer von ihnen zu einem benachbarten Baum davonflog, während der Krüppel aus seinen Flügeln einen Fallschirm machte, leicht auf den Boden kam und, unterwürfig von seinen Älteren bedient, so gut er konnte auf einem Bein davonhüpfte. Eine Woche später hatte ich die Genugtuung, ihn auf dem Kiefernweg zu treffen, in guter Stimmung und bereits so weit genesen, dass er sich mit dem lahmen Fuß halten konnte. Ich bin überzeugt, dass er seine

Lahmheit im Alter mit einer schönen Geschichte über eine Wunde begründete, die er sich in der berühmten Schlacht von Pines zugezogen hatte, als unser Stamm, zahlenmäßig unterlegen, von seinem alten Lagerplatz vertrieben wurde. In den letzten Jahren haben uns die Eichelhäher nur gelegentlich besucht, und im Winter sind ihr helles, vom Schnee hervorgehobenes Gefieder und ihr fröhlicher Ruf besonders willkommen. Sie hätten Äsop eine Fabel geliefert, denn der Federkamm, an dem sie so viel Freude zu haben scheinen, ist oft ihre tödliche Falle. Landjungen machen mit ihren Fingern ein Loch in die Schneekruste, gerade groß genug, um den Kopf des Eichelhähers hineinzustecken, höhlen es darunter etwas aus und ködern ihn mit ein paar Maiskörnern. Der Kamm gleitet leicht in die Falle, lässt sich aber nicht wieder herausziehen, und derjenige, der zum Festmahl gekommen war, bleibt eine Beute.

Zweimal haben die Amseln versucht, sich in meinen Kiefern niederzulassen, und zweimal haben die Rotkehlchen, die ein Vorkaufsrecht beanspruchen, die Rolle der Grenzräuber so erfolgreich gespielt, dass sie sie vertrieben haben – zu meinem großen Bedauern, denn sie sind der beste Ersatz, den wir für die Saatkrähen haben. In Shady Hill (1) (das jetzt leider seines so lange geliebten Zuhauses beraubt ist) bauen sie zu Hunderten, und nichts kann fröhlicher sein als ihr knarrendes Klappern (wie eine Versammlung altmodischer Wirtshausschilder), wenn sie sich abends versammeln, um in Massenversammlungen ihre windigen politischen Ansichten zu diskutieren oder an ihren Zelttüren über die Ereignisse des Tages zu tratschen. Ihr Gang ist ernst und ihr Marsch über den Rasen so kriegerisch wie der eines zweitklassigen Geistes in Hamlet. Soweit ich feststellen konnte, haben sie sich nie in mein Getreide eingemischt.

(1) Das Haus der Nortons in Cambridge, die sich zum Zeitpunkt der Erstellung dieses Artikels in Europa aufhielten.

Einige Jahre lang hatte ich Krähen, aber ihre Nester sind ein unwiderstehlicher Köder für Jungen, und ihre Siedlung wurde aufgelöst. Sie gewöhnten sich so daran, dass sie einen großen Teil ihrer Schüchternheit ablegten und meine Annäherung tolerierten. An einem sehr heißen Tag stand ich einige Zeit nur zwanzig Fuß von einer Mutter und drei Kindern entfernt, die auf einem Ulmenzweig über meinem Kopf saßen, in der schwülen Luft nach Luft schnappten und ihre Flügel halb ausgebreitet hielten, um sich abzukühlen. Alle Vögel werden während der Paarungszeit mehr oder weniger sentimental und murmeln leise Nichtigkeiten in einem Ton, der ganz anders ist als die Wiederholung und Lautstärke einer mahlenden Orgel ihres üblichen Gesangs. Die Krähe ist als Liebhaber sehr komisch, und wenn man sie versucht, ihr Krächzen auf das richtige Saint- Preux -Niveau (1) zu bringen, hat das etwas von der Wirkung eines Mississippi- Bootsfahrers, der Tennyson zitiert. Dennoch gibt es für mein Ohr nur wenige Dinge, die melodischer klingen als ihr Krächzen an einem klaren Wintermorgen, wenn es durch fünfhundert Faden frische blaue Luft gefiltert zu einem herabfällt. Die Feindseligkeit aller kleineren Vögel macht den moralischen Charakter der Reihe trotz seines diakonartigen Benehmens und Gewandes etwas fragwürdig. Er konnte nie ohne Beleidigung ausbrechen. Besonders die Golddrosseln jagten ihn, so weit ich mit dem Auge folgen konnte, und ließen ihn ungeschickt ausweichen, um ihren aufdringlichen Schnäbeln auszuweichen. Ich glaube jedoch nicht, dass er hier in der Gegend irgendwelche Nester ausgeraubt hat, denn der Abfall der Gaswerke, der in unserer lockeren Gemeinschaft den Fluss vergiften darf, lieferte ihm tote Maifische in Hülle und Fülle. Ich beobachtete ihn immer, wenn er regelmäßig die Salzwiesen besuchte und mit einem Fisch im Schnabel zu seinen jungen Wilden zurückkehrte, die ihn zweifellos in diesem Zustand mögen, der ihn für die Kanaken und andere Räuberrassen schmackhaft macht.

(1) Siehe Rousseaus *La Nouvelle Heloise*.

Bei mir gibt es jede Menge Pirol. Ich habe sieben Männchen gleichzeitig im Garten herumflitzen sehen. Eine muntere Schar von ihnen schwingt ihre Hängematten an den herabhängenden Zweigen. In einem dieser letzten Jahre, als die Gespinste unsere Ulmen so kahl wie im Winter kahl fraßen, machten sich diese Vögel die Mühe, ihre unbedachten Nester wieder aufzubauen, und wählten zu diesem Zweck Bäume, die vor diesen Schwärmen von Vandalen sicher sind, wie Eschen und Eschen. In einem Jahr baute ein Paar (das, wie ich annehme, anderswo gestört wurde) ein zweites Nest in einer Ulme nur wenige Meter vom Haus entfernt. Mein Freund Edward E. Hale erzählte mir einmal, dass der Pirol alle leuchtend bunten Fäden aus seinem Netz aussortierte, und ich hielt dies für ein eindrucksvolles Beispiel für den bei vielen Vögeln zu beobachtenden Instinkt der Verborgenheit, obwohl es in diesem Fall so aussehen sollte, als sei das Nest durch seine Lage vor allen Plünderern außer Eulen und

Eichhörnchen ausreichend geschützt. Letztes Jahr jedoch hatte ich den eindeutigsten Beweis dafür, dass Mr. Hale sich geirrt hatte. Ein Pärchen Pirols hauste auf dem untersten Ende einer Trauerulme, die nur drei Meter von unserem Wohnzimmerfenster entfernt hing und so niedrig war, dass ich sie vom Boden aus erreichen konnte. Das Nest war vollständig aus Wollteppichen gewebt und gefilzt, in denen Scharlachrot vorherrschte. Wäre das Gleiche im Wald passiert? Oder gab die Nähe einer menschlichen Behausung den Vögeln vielleicht ein größeres Gefühl der Sicherheit? Sie sind übrigens sehr mutig, wenn es um die Suche nach Tauwerk geht, und ich habe sie oft dabei beobachtet, wie sie die faserige Rinde von einem Geißblatt abzogen, das über der Tür wuchs. Aber tatsächlich sehen mich alle meine Vögel an, als wäre ich ein bloßer Mieter nach Belieben und sie wären Vermieter. Mit Scham gestehe ich, dass ich sogar von einem Kolibri schikaniert wurde. Als ich in diesem Frühjahr einen Birnbaum von Flechten befreite, kam einer dieser kleinen, zickzackförmigen Wirbelstürme schnurrend auf mich zugeflogen, seinen langen Schnabel wie eine Lanze gestreckt, seine Kehle sprühend vor zornigem Feuer, um mich vor einer Missouri-Johannisbeere zu warnen, deren Honig er schlürfte. Und so oft hat er mich aus einem Blumenbeet vertrieben. In diesem Sommer übrigens befestigte ein Paar dieser geflügelten Smaragde seine moosbedeckte Eichelschale an einem Ast derselben Ulme, die die Pirols im Jahr zuvor belebt hatten. Wir beobachteten ihr ganzes Treiben vom Fenster aus durch ein Opernglas und sahen, wie ihre beiden Nestlinge aus schwarzen Nadeln mit einem Flaumbüschel am unteren Ende wuchsen, bis sie zu ihren ersten kurzen Versuchsflügen davonwirbelten. Ihre Flügel wurden in überraschend kurzer Zeit stark, und ich sah sie oder das Männchen danach nie wieder, obwohl das Weibchen wie üblich regelmäßig unsere Petunien und Verbenen besuchte. Ich glaube nicht, dass dies eine ausreichende Grundlage für eine Verallgemeinerung darstellt, aber bei den vielen Gelegenheiten, bei denen ich die alten Vögel beim Füttern ihrer Jungen beobachtet habe, landete immer die Mutter, während der Vater ebenso beständig im Flug blieb.

Die Reisstärlinge sind normalerweise Zufallsbesucher, die in der Blütezeit durch den Garten klingeln, aber dieses Jahr waren ihre Lieblingswiesen aufgrund der langen Regenfälle zu Beginn der Saison überschwemmt und sie wurden ins Hochland getrieben. Also ließ ich ein Paar von ihnen auf meiner Wiese wohnen. Das Männchen saß normalerweise auf einem Apfelbaum, der damals in voller Blüte stand, und während ich ganz still daneben stand, kreiste es zitternd über das ganze Feld von fünf Morgen, ohne eine Pause in seinem Gesang zu machen, und ließ sich wieder zwischen den Blüten nieder, um fast sofort von einem neuen musikalischen Rausch davongejagt zu werden. Er hatte die Redseligkeit eines italienischen Scharlatans auf einem Jahrmarkt und schien wie dieser die Vorzüge eines Quacksalbermittels anzupreisen. *Opodeldoc – opodeldoc – probieren Sie es mit Dr. Lincolns opodeldoc !* er schien es immer und immer wieder zu wiederholen, mit einer Schnelligkeit, die selbst den zungenfertigsten Figaro aller Zeiten in den Schatten gestellt hätte. Ich erinnere mich, wie Graf Gurowski einmal mit jener lockeren Überlegenheit an Wissen über dieses Land, das das Monopol der Ausländer ist, sagte, wir hätten keine Singvögel! Nun, nun, Mr. Hepworth Dixon (1) hat das typische Amerika in Oneida und Salt Lake City gefunden. Natürlich kann ein intelligenter Europäer diese Dinge am besten beurteilen. Die Wahrheit ist, dass es in Europa mehr Singvögel gibt, weil es weniger Wälder gibt. Diese Sänger lieben die Nachbarschaft des Menschen, weil Falken und Eulen seltener sind, während ihre eigene Nahrung reichlicher vorhanden ist. Die meisten Leute scheinen zu denken, je mehr Bäume, desto mehr Vögel. Sogar Chateaubriand, der als erster die Urwaldkur ausprobierte und dessen Beschreibung der Wildnis in ihren phantasievollen Effekten unübertroffen ist, stellt sich vor, dass „die Menschen der Lüfte ihm ihre Hymnen singen". Soweit ich es selbst beobachten kann, hört man umso seltener die Stimme eines singenden Vogels, je weiter man in die düstere Einsamkeit der Wälder vordringt. Trotz Chateaubriands Genauigkeit in den Einzelheiten, trotz des wunderbaren Nachhalls des verfallenen Baumes, der unter seinem eigenen Gewicht umfällt und den er als erster bemerkte, kann ich nicht umhin zu bezweifeln, dass er sehr tief in die Wildnis vorgedrungen ist. Jedenfalls spricht er in einem Brief an Fontanes aus dem Jahr 1804 von *mir Pferde paissant a quelque distance.* Chateaubriand war zwar geneigt, aufs hohe Ross zu steigen, und das mag nur ein nachträglicher Einfall des *Grandseigneurs gewesen sein, aber sicherlich würde man zu Pferd in Richtung der* Druidenfestungen der Urkiefer nicht viel vorankommen .

(1) In seinem Reisebuch *New America.*

Die Reisstärlinge bauen in beträchtlicher Zahl auf einer Wiese, die nur eine Viertelmeile von uns entfernt ist. Ein heimatloses Land verläuft mitten durch ihr Lager, und bei klarem Westwetter kann man zur richtigen Jahreszeit zwanzig von ihnen gleichzeitig singen hören. Wenn ich zufällig vorbeikomme, wenn sie brüten, begleitet mich immer einer der männlichen Vögel wie ein Polizist, huscht von Pfosten des Lattenzauns zu Pfosten und wiederholt ständig einen kurzen Tadel, bis ich die Gegend ziemlich verlassen habe. Dann schwingt er sich in die Luft und läuft mit dem Wind davon, wobei er ununterbrochen gurgelnd Musik über die achtlosen Büschel von Wiesengras und dunklen Büschel von Rohrkolben singt, die sein Revier kennzeichnen.

Wir haben keinen Vogel, dessen Gesang dem der Nachtigall in Sachen Tonumfang ebenbürtig wäre, keinen, dessen Ton so voll ist wie der der europäischen Amsel; aber aus reiner Verzückung habe ich noch nie den Rivalen des Reisstärlings gehört. Aber seine Opernsaison ist kurz. Die Erd- und Feldsperlinge sind unsere beständigsten Darsteller. Es ist jetzt Ende August, und einer der letzteren singt jeden Tag und den ganzen Tag lang im Garten. Bis in vierzehn Tage hinein hielt ein Paar Indigovögel sein lebhaftes *Duo* eine Stunde lang zusammen. Während ich schreibe, höre ich einen Pirol fröhlich wie im Juni, und das klagende *Vielleicht-Singen* des Stieglitzes sagt mir, dass er meine Salatsamen stiehlt. Ich weiß nicht, was die Erfahrung anderer gewesen sein mag, aber der einzige Vogel, den ich jemals nachts singen hörte, war der Chipbird. Ich würde sagen, er sang ungefähr so oft während der Dunkelheit wie Hähne krähen. Man kann sich kaum der Vorstellung erwehren, dass er in seinen Träumen singt.

"Vater des Lichts, welcher Sonnensamen,

Welchen Blick des Tages hast du beschränkt

In diesen Vogel? An alle Rassen

Diesen geschäftigen Strahl hast du zugewiesen;

Ihr Magnetismus wirkt die ganze Nacht,

Und Träume vom Paradies und vom Licht."

Wenn ich darüber nachdenke, erinnere ich mich, dass ich den Kuckuck fast die ganze Nacht lang mit der Regelmäßigkeit einer Schweizer Uhr die Stunden schlagen hörte.

Die toten Äste unserer Ulmen, die ich zu diesem Zweck verschone, bescheren uns jeden Sommer einen Lichtblick, und fast täglich höre ich sein wildes Schreien und Lachen aus nächster Nähe, selbst unsichtbar. Er ist ein scheuer Vogel, aber vor ein paar Tagen hatte ich das Vergnügen, ihn durch die Jalousien zu beobachten, als er nur wenige Meter von mir entfernt auf einem Baum saß. So nah und in Ruhe gesehen, macht er seinem Anspruch auf den Titel Taubenspecht alle Ehre. Holzfäller haben die Vorstellung, dass er dem Holz schadet, da er kleine Löcher in die Rinde gräbt, um Insekten zur Ansiedlung zu ermutigen. Die regelmäßigen Ringe solcher Löcher, die man in fast jedem Apfelgarten sehen kann, scheinen diese Theorie einigermaßen wahrscheinlich zu machen. Fast jede Saison besucht uns eine einsame Wachtel, die, ungesehen zwischen den Johannisbeerbüschen, *Bob White, Bob White ruft*, als ob sie mit diesem imaginären Wesen Verstecken spielen würde. Ein seltenerer Besucher ist die Turteltaube, deren angenehmes Gurren (etwas wie das gedämpfte Krähen eines Hahns aus einem mit Schnee bedeckten Käfig) ich manchmal gehört habe und die ich einmal das Glück hatte, ganz in meiner Nähe im Maulbeerbaum zu sehen. Die Wildtaube, einst zahlreich, habe ich seit vielen Jahren nicht mehr gesehen. (1) Von den wilden Vögeln quartiert sich ab und zu ein Habicht für ein paar Tage bei uns ein und sitzt träge auf einem Baum, nachdem er zu viel Geflügel gefressen hat. Eines von ihnen bot mir einmal an einem nieseligen Tag mehrere Stunden lang einen Nahschuss aus dem Fenster meines Arbeitszimmers. Aber es war Sonntag, und ich ließ ihn von Gottes gnädigem Frieden profitieren.

(1) Sie tauchten diesen Sommer (1870) erneut auf.—JRL

Bestimmte Vögel sind in meiner Erinnerung aus unserer Nachbarschaft verschwunden. Ich erinnere mich, als man in Sweet Auburn noch den Ziegenmelker hören konnte. Der einst häufige Ziegenmelker ist jetzt selten. Die Braundrossel ist weiter ins Landesinnere gezogen. Jahrelang habe ich keine der größeren Eulen gesehen oder gehört, deren Schreie einst zu meinen kindlichen Ängsten gehörten. Die Klippenschwalbe, der seltsame Auswanderer, der seinen Weg nach Osten nimmt, ist zu meiner Zeit gekommen und wieder gegangen. Die Uferschwalben, die es während meiner Kindheit fast unzählig gab, besuchen die bröckelige Klippe der Kiesgrube am Fluss nicht mehr. Die Rauchschwalben, die einst in unserer Scheune schwärmten und durch den staubigen Sonnenstreifen der Wiese blitzten, sind seit vielen Jahren verschwunden. Mein Vater führte mich hinaus, um sie auf dem Dach zusammenkommen zu sehen und vor ihrer jährlichen Migration Rat zu halten, so wie Mr. White sie in

Selborne zu sehen *pflegte . fugaces* ! Dem Glück sei Dank, der Mauersegler klebt immer noch sein Nest und lässt seine fernen Donner Tag und Nacht in den weit kehligen Schornsteinen rollen und erfüllt die Abendluft immer noch mit seinem fröhlichen Zwitschern. Die bevölkerungsreiche Reiherkolonie in den Wiesen von Fresh Pond ist fast ausgestorben, aber noch immer geistern ein oder zwei Paare in der alten Heimat umher, wie die Zigeuner von Ellangowan ihre verfallenen Hütten, und fliegen jeden Abend flussaufwärts über uns hinweg, räuspern sich dabei mit einem heiseren Habichtsruf und bei bewölktem Wetter kaum höher als die Schornsteinspitzen. Manchmal habe ich einen in einem unserer Bäume landen sehen, obwohl ich nie erraten konnte, zu welchem Zweck. Eisvögel haben mich manchmal auf die gleiche Weise verwirrt, wenn sie sich mittags auf einer Kiefer niederließen, ihre Wächterrassel ausstießen, wenn sie vor meiner Neugier davonflatterten, und ihre kopflastigen Köpfe vor sich herzuschieben schienen, wie ein Mann eine Schubkarre.

Einige Vögel haben uns verlassen, nehme ich an, weil die Wildnis des Landes weniger wild wird. Einmal fand ich im Sommer ein Entennest nur eine Viertelmeile von unserem Haus entfernt, aber eine solche *Fundgrube* wäre heute unmöglich wie Kidds Schatz. Und doch genügt mir die bloße Zähmung der Nachbarschaft als Erklärung nicht ganz. Vor zwanzig Jahren, als ich auf dem Weg zum Fluss war, um zu baden, sah ich jeden Tag ein Paar Waldschnepfen am schlammigen Rand einer Quelle nur wenige Meter von einem Haus entfernt, ständig besucht von durstigen Kühen. Es gab keinerlei Bewuchs, der sie hätte verbergen können, und doch waren diese sonst so scheuen Vögel meinem Vorbeigehen gegenüber fast so gleichgültig, wie es gewöhnliches Geflügel gewesen wäre. Seitdem das Vogelnisten wissenschaftlich geworden ist und sich als Oologie einen Namen gemacht hat, ist dies zweifellos teilweise für einige unserer Verluste verantwortlich. Aber einige alte Freunde sind beständig. Die Wilsondrossel erinnert mich jedes Jahr an diesen poetischsten aller Ornithologen. Er huscht vor mir durch den Kiefernweg wie der Genius der Einsamkeit. Ein Paar Zwergsegler hat seit undenklichen Zeiten auf einem vorspringenden Ziegelstein im gewölbten Eingang zum Eishaus gebaut; immer auf demselben Ziegelstein und nie mehr als ein Paar, obwohl dort jeden Sommer zwei Bruten zu je fünf Vögeln aufgezogen werden. Wie machen sie ihren Anspruch auf das Gehöft geltend? Durch welches Erstgeburtsrecht? Einmal haben die Kinder eines Mannes, der hier arbeitete, das Nest *besudelt*, und die Zwergsegler verließen uns für ein oder zwei Jahre. Ich empfand für diese Jungen dasselbe wie die Kameraden des Ancient Mariner (1) für ihn, nachdem er den Albatros geschossen hatte. Aber die Zwergsegler kamen schließlich zurück, und einer von ihnen ist jetzt auf seinem gewohnten Platz, so nahe an meinem Fenster, dass ich das Klicken seines Schnabels hören kann, wenn er eine Fliege im Flug schnappt, mit der unfehlbaren Präzision, die eine stattliche Trasteverina beim Fang ihrer kleineren Hirsche zeigt. Der Zwergsegler ist der erste Vogel, der morgens piept; und im Frühsommer leitet er seinen morgendlichen Ausruf „ *Pewee* " mit einem leisen Pfeifen ein, das man sonst nicht hört. Er wird mit der Jahreszeit trauriger, und wenn der Sommer zu Ende geht, ändert er seinen Ton zu „ *cheu , pewee!* " als würde er klagen. Wäre er ein italienischer Vogel gewesen, hätte Ovid eine traurige Geschichte über ihn zu erzählen gehabt. Er ist so vertraut, dass er oft einer Fliege nachjagt, die durch das offene Fenster in meine Bibliothek gelangt.

(1) In Coleridges gleichnamigem Gedicht.

Diese alten Freundschaften, die ich mein ganzes Leben lang hatte, sind mir unaussprechlich lieb. Es gibt kaum einen Baum, in dessen Ästen nicht irgendwann einmal ein glückliches Heim war, und zu dem ich nicht sagen kann:

„Viele leichte Herzen und Flügel,

Der nun dein Haupt ist und in deinen lebendigen Gemächern wohnt."

Mein Spaziergang unter den Kiefern würde die Hälfte seines sommerlichen Charmes verlieren, wenn ich diesen scheuen Einsiedler, die Wilsondrossel, verpassen würde und auch nicht zur Heuerntezeit den metallischen Klang ihres Gesangs hören würde, der ihren rustikalen Namen „ *Sensewetz* " rechtfertigt. *Ich schütze mein Wild so* eifersüchtig wie ein englischer Gutsherr. Wenn irgendjemand ein bestimmtes Kuckucksnest, das ich kenne (ich habe jedes Jahr ein Paar in meinem Garten), beäugt hätte, hätte mir das wochenlang einen schmerzenden Schmerz bereitet. Ich liebe es, diese Ureinwohner in die Haltung zurückzubringen , die sie den frühen Reisenden gegenüber zeigten, und bevor sie sich (verzeihen Sie das unfreiwillige Wortspiel) an den Menschen gewöhnt hatten und seine wilde Lebensweise kannten. Und sie belohnen Ihre Freundlichkeit mit einer süßen Vertrautheit, die zu zart ist, um jemals Verachtung hervorzurufen. Ich habe mit ihnen einen Penn-Vertrag geschlossen, den ich dem puritanischen Lebensstil mit den Eingeborenen vorziehe, der sie zu ein wenig Hebraismus und einer Menge Medford-Rum bekehrte. Wenn sie mir nicht nahe genug kommen (was bei den meisten der Fall ist), bringe ich sie mit einem Opernglas näher, das eine viel bessere Waffe als ein Gewehr ist. Selbst wenn ich könnte, würde ich sie nicht von ihrer hübschen heidnischen Lebensweise abbringen. Das einzige, bei dem ich manchmal heftige Zweifel habe, ist das rote Eichhörnchen. Ich *glaube*, es eiert . Ich *weiß* , dass es Kirschen isst (wir haben einmal fünf davon in einem einzigen Baum gezählt, die Steine prasseln herab wie der spärliche Hagel, der einen Sturm ankündigt) und dass es das schmale Ende von Birnen abnagt, um an die Kerne zu kommen. Es stiehlt den Mais vor der Nase meines Geflügels weg. Aber was soll man wollen? Es wird auf den Ast des Baumes herunterklettern, unter dem ich liege, bis es nur noch einen Meter von mir entfernt ist. Es und sein Kumpel werden zu meiner Abwechslung den großen schwarzen Walnussbaum auf und ab huschen und dabei wie Affen schnattern. Kann ich sein Todesurteil unterschreiben, das mich so lange auf seinem Grundstück geduldet hat? Ich nicht. Lasst sie stehlen, und seid willkommen. Ich bin sicher, ich würde es tun, wenn ich dieselbe Erziehung und dieselben Versuchungen erfahren hätte. Was die Vögel betrifft, so glaube ich nicht, dass es einen gibt, der nicht mehr Gutes als Böses tut; und von wie vielen federlosen Zweibeinern kann man das sagen?